AF362652

MÉMOIRE

SUR L'EXPLOITATION AGRICOLE

DE VILLARS.

MÉMOIRE

SUR L'EXPLOITATION AGRICOLE

DE

VILLARS,

POUR CONCOURIR A LA PRIME D'HONNEUR DU DÉPARTEMENT
DE LA NIÈVRE, EN 1863.

25 FÉVRIER 1862.

NEVERS,

I.-M. FAY, IMPRIMEUR DE LA PRÉFECTURE,

RUE DES ARDILLIERS, 13.

1862

FERME DE VILLARS.

TABLEAU DES CONTENANCES.

Nos du PLAN.	LIEUX DITS.	CULTURES EN 1862.	HECTARES.	ARES.	CENTIARES.	CONTENANCE TOTALE.
1	Grand-Pré.	Pré.	14	21	25	
2	Champ des Roches.	Betteraves.	8	32	76	
3	— de la Varenne.	Idem.	5	95	70	
4	— des Poiriers.	Luzerne.	8	33	17	
5	Saulaie.	Pâture.	1	11	14	
6	Bergerie.	Bâtiment, cour.	»	21	24	
7	Villars.	Vieux château.	»	35	13	
8	Idem.	Jardin.	»	13	78	
9	Grande-Moussonière.	Racines et cultures fourragères.	8	84	34	
10	Pré de la Varenne.	Pré.	10	04	70	110ʰ 37ᵃ 50ᶜ
11	Ecuries Légaré.	Bâtiment, cour.	»	10	38	
12	Grange Légaré.	Idem.	»	11	65	
13	Champ des Veaux.	Betteraves.	»	99	58	
14	— Renaud.	Froment.	6	50	60	
15	— Nain.	Idem.	8	04	26	
16	— de la Cave.	Pommes de terre.	1	74	62	
17	— des Berthières.	Avoine.	5	82	99	
18	— des Pierres.	Pâture.	10	72	57	
19	— des Vignes-Blanches.	Orge, luzerne, sain-foin.	18	83	64	

PARTIES ANNEXÉES EN 1860 ET 1861.

Nos du PLAN.	LIEUX DITS.	CULTURES EN 1862.	HECTARES.	ARES.	CENTIARES.	CONTENANCE TOTALE.
20	Champ de la Patachone.	Avoine.	1	16	67	
21	— de la Petite-Moussonière.	Betteraves.	2	62	»	
22	Pré Coudreau.	Pré.	2	»	»	10 40 05
23	— Bailly.	Idem.	2	73	»	
24	Champ des Malterres.	Betteraves.	1	88	38	

LOCATURES AFFERMÉES.

Nos du PLAN.	LIEUX DITS.	CULTURES EN 1862.	HECTARES.	ARES.	CENTIARES.	CONTENANCE TOTALE.
25-26	Locature Forestier.	Maison, jardins.	1	18	67	
27	Locature de la Fontaine.	Idem.	»	37	08	1 90 59
28	Locature Légaré.	Idem.	»	34	84	
29	Vigne.	Vigne.	1	33	90	1 33 90
						124 02 04

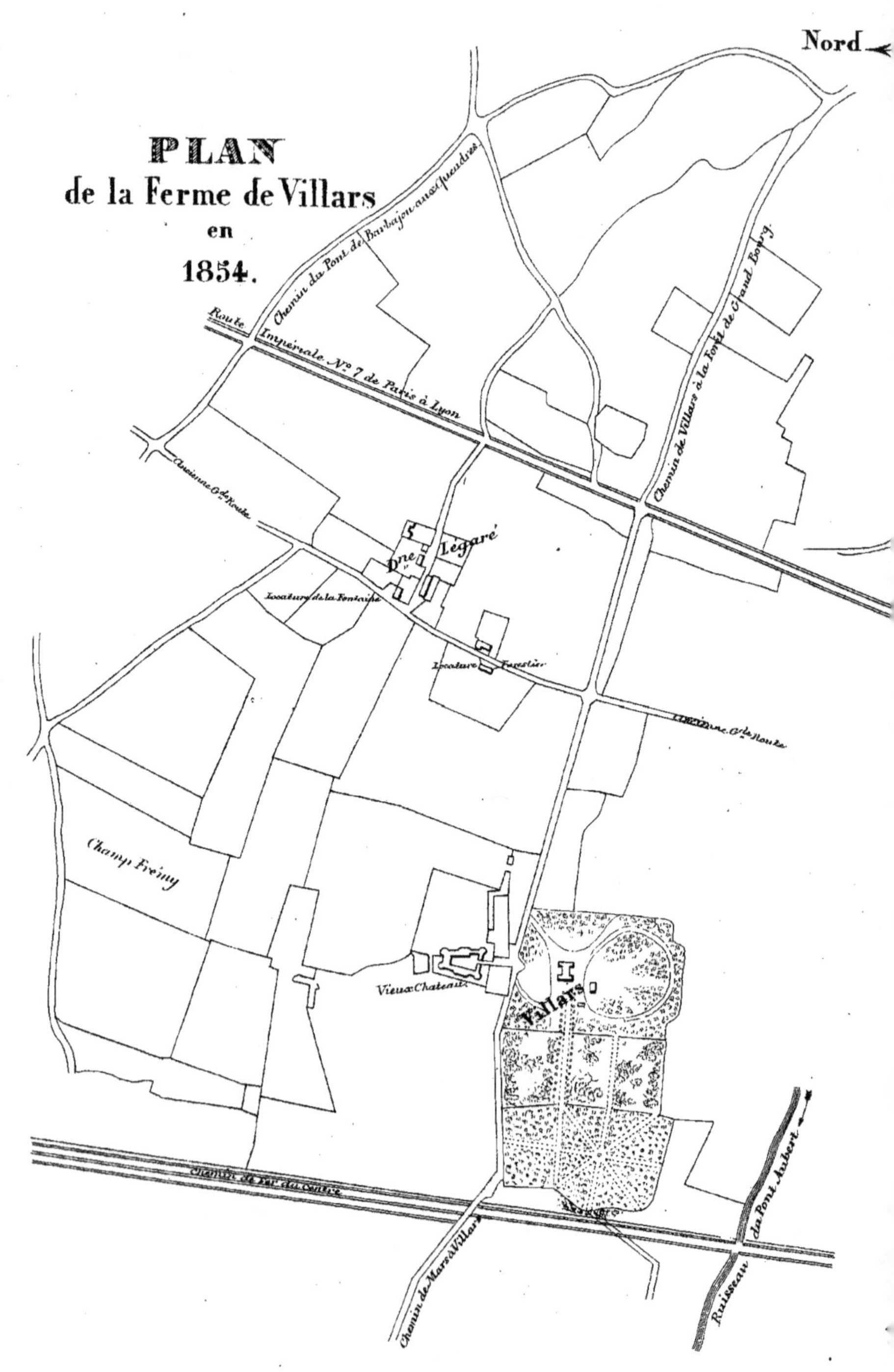
PLAN
de la Ferme de Villars
en
1854.
Nord
Chemin du Pont de Barbajou aux Queudres
Chemin de Villars à la Forêt de Grand Bourg
Route
Impériale N° 7 de Paris à Lyon
Ancienne G.te Route
D.ne Legaré
Locature de la Fontaine
Locature Forestier
Ancienne G.te Route
Champ Freiny
Vieux Chateau
Villars
Chemin de fer du Centre
Chemin de Mare à Villars
Ruisseau du Pont Aubert

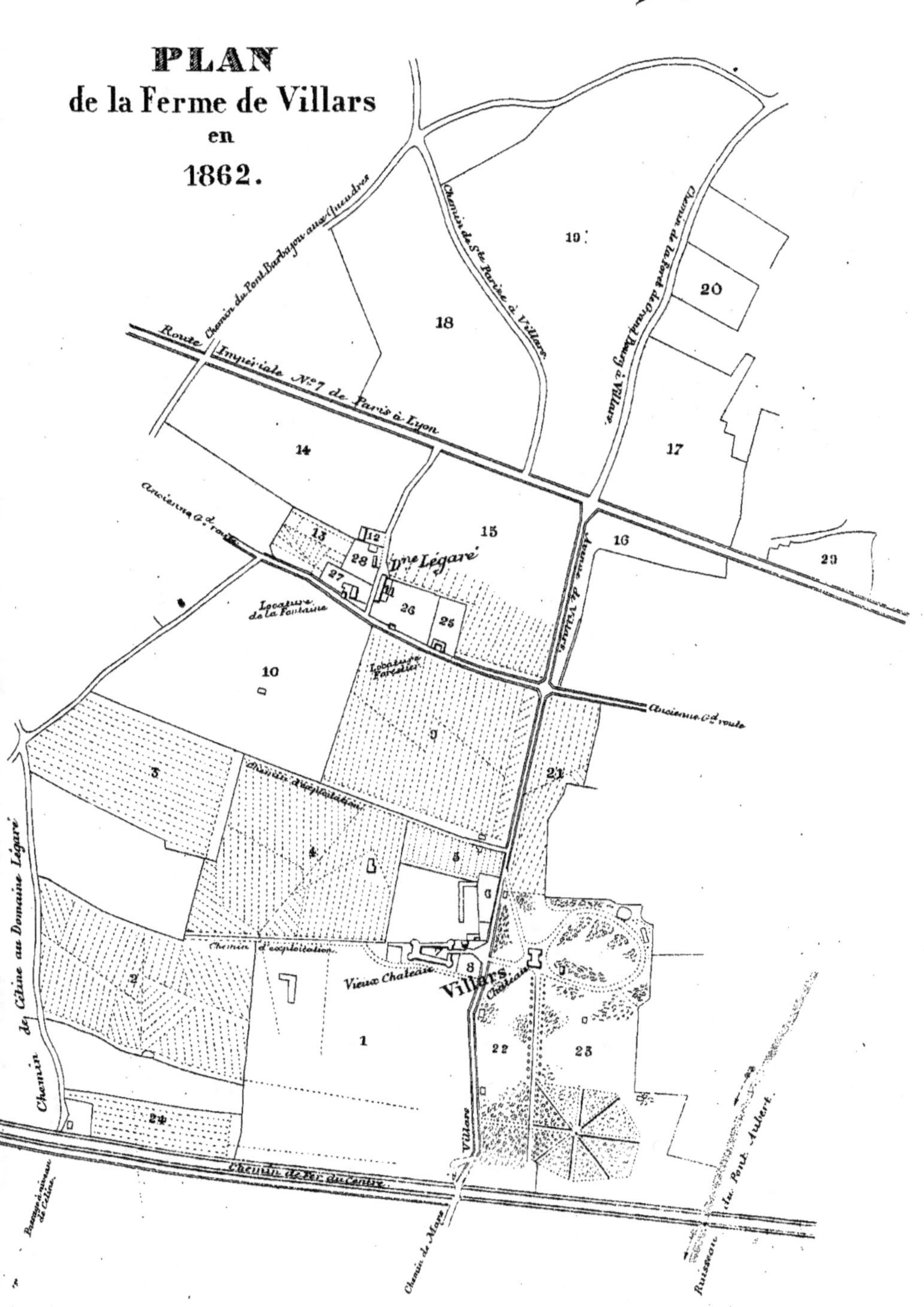

PLAN
de la Ferme de Villars
en
1862.
Chemin du Pont Barbagou aux Queudres
Chemin de Ste Parise à Villars
Chemin de la Forêt Lefrand Demy à Villars
Route Impériale N°7 de Paris à Lyon
Ancienne G.de route
Ancienne G.de route
Chemin d'exploitation
Chemin d'exploitation
Chemin du Crêne au Domaine Légaré
Chemin de fer du Centre
Chemin de Moye
Ruisseau du Pont Aubert
Dme Légaré
Locature de la Fontaine
Locature Forestier
Vieux Château
Château
Villars
Villars
19
20
18
17
14
13
12
15
16
29
28
27
26
25
10
3
9
21
4
5
6
2
8
1
22
23
24

MÉMOIRE

SUR L'EXPLOITATION AGRICOLE

DE

VILLARS.

Depuis 1837 l'agriculture a été mon unique carrière, et j'ai constamment fait valoir, soit ensemble, soit séparément, la ferme de Villars et divers autres domaines. Cette ferme, située commune de Saint-Parize-le-Châtel, arrondissement de Nevers, dépend de la terre de Villars, qui contient 521 hectares ; elle est dans ma famille depuis 1651, et j'en suis devenu propriétaire en 1854, par partage et acquisition.

La ferme de Villars, d'une étendue de 124 h. 02 a. 04 c., est *seule* soumise à l'examen de la commission, le surplus de la propriété étant affermé, sauf 38 hectares qui sont en bois. Le corps d'exploitation, tel qu'il est composé aujourd'hui, n'a été constitué qu'en 1854.

Les gages des chefs de culture, maîtres vacher et berger, sont beaucoup plus considérables que ceux indiqués ci-dessus, à cause des profits sur les ventes qui les augmentent d'une manière très-notable.

La ménagère tient à forfait le ménage ; en conséquence, je n'ai jamais à me préoccuper de la nourriture des domestiques ni des ouvriers. Elle est à Villars depuis dix ans. Voici les principales conditions de son marché :

Elle nourrit les 12 domestiques et entretient d'huile les lanternes des écuries.

- Outre son gage, elle reçoit :

Argent, 150 fr. ;

36 hectolitres froment, 36 hectolitres orge ;

360 livres viande ;

Les légumes à discrétion. La journée de nourriture des ouvriers lui est payée en été 1 fr. lorsqu'ils font quatre repas, et 60 centimes pendant le reste de l'année.

Production du pays.

Tout en donnant ses soins à la culture des céréales, le cultivateur de la partie de la Nièvre située entre la Loire et l'Allier s'attache surtout à produire d'abondants fourrages et des racines. Il tient à avoir un bétail nombreux et bien nourri, parce qu'il sait qu'il en obtiendra les engrais indispensables à ses cultures, et que la vente de ses animaux le payera largement.

L'élevage est pratiqué partout, on pourrait en dire presque autant de l'engraissement aux betteraves pendant l'hiver, quoiqu'il ait lieu sur une échelle beaucoup moins vaste.

L'été, les prairies de qualité supérieure sont livrées à l'embouche.

Convaincu que le bétail est la base de toute amélioration agricole, et que la production de la viande est ce qui doit procurer la plus grande somme de bénéfices à l'agriculteur, tous mes efforts ont été constamment dirigés vers ce but, et mon exploitation a été organisée en vue de ce résultat.

Domaine. — L'étendue du domaine était en 1854 de 53 h. 98 a. 42 c.; aujourd'hui, par suite d'annexions successives, elle se trouve d'une contenance de 124 h. 02 a. 04 c., sur lesquels 10 h. 40 a. 05 c. n'ont été annexés qu'en 1860 et 1861. Le tout est d'un seul tenant.

Clôtures. — Dans un pays d'élevage les clôtures sont d'une importance majeure; mais, d'un autre côté, il ne faut pas les multiplier de façon à ce que dans une contrée déjà humide, elles nuisent à l'assainissement. Aussi, dès mon entrée en jouissance comme propriétaire, ma première opération a-t-elle été de supprimer toutes les haies inutiles, de manière à mettre mes champs dans de bonnes conditions d'étendue et d'aération. Puis, pour faciliter la culture et l'écoulement des eaux, j'ai défriché les anciens fossés et haies trop larges ou trop contournés, et je les ai remplacés par de nouveaux fossés en ligne droite, sur le bord desquels j'ai planté de l'épine blanche. J'ai établi de cette manière 3,678 mètres de haies nouvelles, et maintenant tous les prés et les champs sont clos.

Chemins.

Une fois ce travail terminé, j'ai fait construire 1,879 mètres de chemins ruraux pour l'exploitation spéciale de la ferme; de telle sorte qu'il n'y a pas une seule parcelle de terre ou de pré qui ne soit desservie par un chemin rural ou par une route publique.

Je joins à ce mémoire le plan de la ferme en 1854 et le plan de la ferme en 1862. En comparant ces deux plans, la commission pourra se rendre facilement compte de l'importance des travaux exécutés.

Capital d'exploitation.

Le capital d'exploitation s'élève, au 31 décembre 1861, à la somme de 131,914 fr. 97 c., ce qui donne une moyenne de 1,063 fr. 65 c. par hectare. On peut évaluer à 250 fr. par hectare le capital d'exploitation employé (sauf peu d'exceptions) sur les autres domaines du pays. Cette différence notable doit être attribuée à la culture intensive pratiquée sur le domaine de Villars, ainsi qu'à la valeur et à la quantité des animaux qui le garnissent.

Les pesées faites le 31 décembre 1861 ont donné pour

résultat *1 tête 22 centièmes par hectare*, en calculant la tête de
gros bétail à 400 kilogrammes, ainsi que l'indiquent les *principes de la culture améliorante.*

En élevant et entretenant un nombreux bétail, j'ai eu pour
but, non-seulement les bénéfices de la vente des animaux, mais
encore la production d'une masse d'engrais très-considérables,
afin de porter mes terres à un plus haut degré de rendement.
Aussi, pour atteindre ce résultat, ai-je dû réserver dans la
répartition des terres une large part aux prairies naturelles et
artificielles, ainsi qu'à la culture des plantes sarclées et fourragères. Par suite, les terres se divisent de la manière sui-
suivante :

Contenance totale.		124ʰ 02ᵃ 04ᶜ
Bâtiments, cours, jardins. . .	2ʰ 82ᵃ 77ᶜ	
Prés.	28ʰ 95ᵃ 95ᶜ	
Pâtures. . . .	11 83 71	
Luzernes.. . .	12 33 17	63 31 47
Sainfoins.. . .	10 18 64	
Plantes sarclées..	24 03 04	
Cultures fourragᵉˢ	6 31 34	30 34 38
Froment. . . .	14 54 86	
Orge.	4 65 »	26 19 52
Avoine. . . .	6 99 66	
Vigne.		1 33 90

Total égal. . . 124 02 04

La ferme est installée dans l'ancien château de Villars, converti en bâtiments d'exploitation. Malgré les difficultés résultant d'un espace très-restreint non susceptible d'agrandissement, et de bâtiments créés pour une toute autre destination, j'y ai établi, soit au moyen de constructions nouvelles, soit par appropriation des anciennes, un corps de ferme complet.

Il comprend : maison de ferme, logements de domestiques, grange, greniers, vinée, hangars, remises, salles pour la préparation de la nourriture des bestiaux, avec manége mettant en mouvement laveur, coupe-racines, hache-paille, deux concasseurs, et, en outre, des écuries pour 12 chevaux et 70 bêtes à cornes, avec vastes fenils au-dessus pour les fourrages, plus une porcherie et un poulailler.

Toutes les écuries sont voûtées, à l'abri de l'incendie et parfaitement aérées. Les fumiers et purins sont projetés directement de chaque écurie sur des fumières en plate-forme établies sur les anciens fossés du château. Cette disposition permet de se passer une grande partie du temps des arrosages au moyen de la pompe. Les purins, après avoir traversé les tas de fumiers, sont recueillis dans des rigoles qui les conduisent dans une fosse à purin contenant 40 mètres cubes, et à laquelle communique la fosse d'aisance. La fosse à purin est munie d'une pompe.

Une bergerie pour 500 bêtes à laine, avec cabane pour les bergers, a été établie en entourant une vaste cour de petits appentis. Elle a coûté 1,845 fr. 75 c., en y comprenant la main-d'œuvre et le prix des matériaux.

L'ancienne grange Légaré a été transformée en écuries pour 6 chevaux, 30 bêtes à cornes et 160 brebis. Placées à une extrémité de l'exploitation, ces écuries, destinées à l'engraissement, servent aussi aux attelages lors de la culture des champs qui les avoisinent, et à mettre à l'abri le troupeau pendant les grandes chaleurs.

De vieilles maisons ont été appropriées pour loger neuf ménages d'ouvriers qui sont employés toute l'année sur l'exploitation.

On voit que je me suis borné à arranger les bâtiments existants, et que je n'ai pas voulu me lancer dans des constructions trop coûteuses.

Moyens transports.
Au large et lourd collier avec lequel on surcharge les chevaux sous prétexte de les parer, j'ai substitué un collier beaucoup plus solide et qui ne pèse que 11 kilogrammes au lieu de 17 kilogrammes.

Le joug a été conservé pour les attelages de bœufs.

Les transports se font au moyen de tombereaux et chariots légers à quatre roues. Tous ces véhicules sont à un seul cheval ou à deux bœufs ; on y attèle rarement un plus grand nombre d'animaux.

Assolements.
Les pâturages, luzernes, sainfoins ne rentrent dans l'assolement qu'à des époques déterminées par les circonstances ou les besoins de l'exploitation.

Au début, j'ai suivi l'assolement du Norfolk :

Première année. — Plantes sarclées.

Deuxième année. — Orge, avoine.

Troisième année. — Plantes fourragères et trèfle, mais de

2

manière à ce que le trèfle ne revienne que tous les huit ou douze ans sur le même sol.

Quatrième année. — Froment.

Maintenant, par suite des améliorations exécutées, les terres sont soumises à l'*assolement alterne.*

Les céréales ne reviennent sur le même sol que tous les deux ans, et l'année d'absence est utilisée par des récoltes intercalaires de plantes sarclées ou fourragères. Il arrive même souvent après la moisson de faire en outre produire au sol des fourrages en récolte dérobée.

Mon but en ne me soumettant pas à un assolement rigoureux et absolu s'explique facilement en ce sens que ma spéculation principale portant sur mes troupeaux, je dois tout subordonner à leur entretien et à leur développement.

Les amendements et engrais employés sur le domaine sont :

La chaux, le plâtre, les cendres de bois, les fumiers d'étable, les purins mélangés avec les matières fécales, les terreaux et le guano ; mais ce dernier à titre d'expérience seulement.

La chaux a été appliquée avec succès à raison de 25 à 30 hectolitres à l'hectare sur les parties de terres agileuses.

Chaque année, au printemps, toutes les prairies artificielles et une partie des prés reçoivent de 3 à 4 hectolitres de plâtre à l'hectare ; l'effet en est très-sensible.

Les cendres de bois sont excellentes sur les prairies naturelles ; il est regrettable que la quantité dont on dispose soit trop minime.

Plusieurs essais de guano, quoique faits selon toutes les règles usitées pour son emploi, ne m'ont pas donné de résultats satisfaisants.

Ces tentatives infructueuses, jointes à la difficulté de se procurer des engrais purs, m'ont fait renoncer à l'emploi de toute espèce d'engrais de fabrique ou de commerce, et m'ont décidé à porter tous mes efforts du côté des fumiers de ferme. Quoique mes nombreux animaux m'en produisent une quantité considérable, j'ai, dans le désir d'en accroître encore la masse, conclu avec un boucher un marché par suite duquel il fait consommer dans mes écuries, par des bêtes à l'engrais, environ 200,000 kil. de betteraves chaque année. Je produis une partie de ces betteraves, et le surplus est acheté, soit par lui, soit par moi. En outre, il amène les fourrages ainsi que les tourteaux et farines nécessaires à l'engraissement ; les animaux lui appartiennent et sont pansés par ses domestiques. Je fournis la paille gratuitement, les betteraves me sont payées 12 fr. les 1,000 kilogrammes, tous les fumiers m'appartiennent.

Les pailles produites par mes céréales devenant insuffisantes, par suite de la quantité d'animaux que je maintiens et amène sur mon domaine, j'en achète chaque année 50 à 60,000 kilog.

Le fumier de ferme est appliqué à raison de 40,000 kilog. à l'hectare sur les cultures de plantes sarclées, et souvent le froment qui succède à une récolte fourragère reçoit en outre une demi-fumure de 20,000 kilogrammes par hectare.

Les purins, après avoir été employés à arroser les tas de fumier, sont ensuite répandus au moyen d'un tonneau sur les terres ou prairies.

Drainage.

La plus grande partie des terrains du val était excessivement humide. Les prés ont été assainis au moyen de fossés et rigoles, et 32 h. 56 a. 68 c. de terres arables ont été drainés à 1 m. 20 c. de profondeur. On est en train d'exécuter un nouveau drainage de 7 h. 84 a. 08 c., ce qui portera à 40 h. 40 a. 76 c. la totalité des terrains drainés. Les plans dressés par MM. les Ingénieurs du service hydraulique de la Nièvre seront communiqués sur place à la commission ; ils ont été établis dans le double but d'assainir les terres arables et d'en diriger les eaux pour servir à l'irrigation des prés naturels.

Le drainage, fait avec des tuyaux garnis de manchons, est revenu en moyenne à 184 fr. l'hectare, prix inférieur aux devis présentés. Cette différence provient de ce que, cultivant mes terres depuis 1837, j'ai pu, lors de l'opération, ne pas exécuter aveuglément les plans dans toutes leurs parties, et éliminer dans chaque champ les parcelles déjà saines.

Outre l'assainissement et une plus grande salubrité, les conséquences immédiates du drainage ont été la suppression des fossés qui gênaient la culture, et la facilité de travailler presque en tout temps avec une force moins considérable, ce qui a permis de restreindre le nombre des attelages et a procuré une économie notable.

Irrigation.

Il n'existe ni sources ni cours d'eau qui puissent servir à l'irrigation ; on en est donc réduit aux eaux pluviales et à celles provenant du drainage ou de l'écoulement des terrains supérieurs ; elles sont toutes dirigées sur les prés. Ces eaux, d'un volume très-restreint, et qui n'arrivent qu'à des intervalles irréguliers, sont insuffisantes pour obtenir des résultats très-avantageux sur des prés de qualité très-médiocre, dont la surface presque plane et le sous-sol imperméable sont rebelles à ces irrigations insignifiantes.

Désireux de voir l'usage des instruments perfectionnés se propager et venir en aide à la main-d'œuvre, déjà si rare et si chère dans nos campagnes, j'ai introduit sur ma ferme tous ceux qui m'ont paru d'une utilité réelle, et qui, par leur valeur pratique, pouvaient se faire apprécier des cultivateurs du pays.

En voici l'énumération :

Charrues Dombasle ;
Charrues Rosé ;
Scarificateur ;
Herses Valcourt ;
Herses anglaises très-légères pour enterrer les graines artificielles ;
Houe à cheval Smith, cultivant trois rayons à la fois ;
Houe à cheval Dombasle pour les terrains plus difficiles ;
Butteur ;
Rayonneurs ;
Rouleau Crosskill ;
Rouleaux en bois ;
Faneuse Nicholson ;
Râteau à cheval Howard ;
Râteau à bras anglais ;
Semoir Jacquet-Robillard ;
Machine à battre Boiget, achetée il y a vingt ans ;

Machine à battre Lotz et Renaud ; je me propose de changer ces deux machines ;

Tarare Colinot ;

Crible-trieur Pernollet ;

Pompe et tonneau à purin ;

Bascule de Victor Giraud, pour les bestiaux et voitures ;

Bascule pour le service des greniers ;

Baratte Bernier ;

Manége à plan incliné, faisant fonctionner laveur, coupe-racines, hache-paille, concasseur de tourteaux, concasseur de grains.

Il serait superflu de faire ici la description de ces divers instruments, leurs formes et les effets qu'ils produisent étant parfaitement connus. On y attèle ordinairement soit un ou deux chevaux, soit deux ou quatre bœufs, et même quelquefois un plus grand nombre d'animaux, cela dépend de la ténacité du sol, de la profondeur des travaux à exécuter et des obstacles à surmonter.

Labours.

La profondeur des labours varie de 20 à 25 et 30 centimètres, suivant la nature du sol et les cultures pour lesquelles on le prépare. Dans certaines parties des terrains du plateau le labour ne dépasse pas 5 à 6 centimètres, le rocher ne permettant pas un travail plus énergique. Depuis que toutes les terres humides ont été drainées, les labours se font à plat. Un hersage ou deux succèdent à chaque labour.

Les plantes sarclées reçoivent trois labours, dont un avant l'hiver ; les céréales de printemps et les plantes fourragères annuelles deux labours. On donne un seul labour avant de semer le froment sur trèfle ou sur plantes sarclées.

Pour les cultures superficielles on emploie les herses, houes, buteur, scarificateur, rouleaux. Le sol ayant l'inconvénient de se soulever, il est passé au rouleau lors des semailles afin de rendre le terrain plus solide et plus compacte.

Semis.

Lorsque le sol, parfaitement préparé, ne s'oppose pas à la marche du semoir Jacquet-Robillard, les semis sont faits en lignes; ils ont lieu à la volée dans les parties pierreuses, ou trop humides; dans ces derniers cas, les grains sont enterrés à la herse.

Les céréales pour semences sont triées au crible Pernollet; le froment est en outre trempé dans une solution de sulfate de cuivre, dans la proportion de 75 grammes par hectolitre.

Le semoir économise 1/3 de semence pour les céréales; 147 litres de froment suffisent à l'hectare, tandis qu'il faut environ 220 litres à la volée.

Les semailles d'automne ont lieu du 10 octobre au 10 novembre.

En 1856, j'ai importé d'Angleterre de l'avoine de Tartarie, elle a parfaitement réussi, et beaucoup de cultivateurs du pays l'ont adoptée.

Entretien et culture des plantes.

Les céréales sont hersées et roulées au printemps.

Toutes les plantes sarclées sont semées en lignes distantes de : 66 centimètres pour les pommes de terre, 85 centimètres pour les choux, 60 centimètres pour les turneps et betteraves, 40 cen-

timètres pour les carottes. Elles reçoivent un binage à la main ;
les autres façons se donnent au moyen du buteur ou des houes à
cheval Smith ou Dombasle.

Les betteraves, turneps et carottes sont semés sur place ; cependant, à la fin de juin 1861, j'ai repiqué 30 ares avec du
plant de betteraves. Cet essai m'a bien réussi, et je compte à
l'avenir le tenter plus en grand.

Pendant plusieurs annnées j'ai cultivé une assez grande étendue de terre en choux et turneps ; mais leur produit est si incer-
tain par suite des variations de température du centre de la
France, que malgré quelques récoltes très-abondantes, j'en plante
beaucoup moins maintenant.

Moisson.

Depuis vingt ans je fais faucher tous mes blés. Cette mé-
thode a le double avantage d'être plus expéditive et de me procurer une plus grande quantité de pailles ; seulement, il ne faut
pas attendre que l'épi soit arrivé à une maturité complète.

Les années humides les blés sont mis en moyettes.

Fenaison.

La fenaison s'opère, pour la plus grande partie, au moyen de
la faneuse Nicholson et du râteau Howard, en évitant toutefois
de secouer fortement les fourrages artificiels, afin de ne pas en
détacher les feuilles. Tous les foins et fourrages sont placés sur
les fenils.

Préparation
et conservation
des produits.

Lors de la moisson, les céréales sont mises partie dans les
granges, partie en meules. Une machine à battre fixe, de

Boiget, et une machine portative, de Lotz et Renaud, mues chacune par deux chevaux, servent à battre la récolte.

Les grains sont ensuite nettoyés au tarare Colinot, et ceux destinés aux semences sont criblés par le trieur Pernollet.

Les racines sont conservées dans des caves, et la majeure partie en silos.

Vigne.

La vigne contient 1 h. 33 a. 90 c.; elle est cultivée à moitié fruits par un vigneron. Je fournis le fumier et les échalas.

La vigne était en si mauvais état lors de mon entrée en jouissance, que j'ai été obligé d'y faire beaucoup de travaux de réparation et d'amélioration. Jusqu'ici je n'en ai retiré qu'un produit très-minime; maintenant elle est en bon état, et j'espère qu'à l'avenir elle me donnera un bon rendement.

ANIMAUX DOMESTIQUES.

Chevaux.

Depuis plusieurs années j'ai renoncé à l'élevage des chevaux, j'ai trouvé plus avantageux de n'avoir que des chevaux de travail, et d'augmenter ma vacherie et mon troupeau de bêtes à laine.

Mes attelages se composent de 2 fortes juments, dont l'une a été élevée sur le domaine ; l'autre, de race percheronne, a été achetée 1,060 fr., plus de 6 chevaux d'artillerie.

Ils sont nourris toute l'année à l'écurie, et reçoivent par jour . . . . 11 kilos foin ou équivalent,

6 litres avoine,

6 kilos 50 paille.

Ces 8 chevaux travaillent dix à onze heures par jour pendant l'été, et huit heures en hiver ; ils suffisent aux travaux habituels de l'exploitation.

Bœufs.

Lorsque l'importance des travaux le réclame, on achéte des bœufs de race nivernaise, qui, une fois les ouvrages terminés, sont rafraîchis et revendus. Ces bœufs sont ferrés et travaillent huit heures par jour en moyenne. Il y a 4 bœufs dans ce moment, leur poids est de 789 k. chacun ; ils ont coûté 2,445 fr. en décembre 1861. Ils ne vont jamais au pâturage ; leur nourriture se compose par jour de 20 k. foin ou l'équivalent,

2 k. paille.

Vacherie
charolaise niver-
naise.

Originaire de la partie du département de Saône-et-Loire, dont elle porte le nom, la race charolaise fut importée en Nivernais, il y a près d'un demi-siècle. Peu à peu négligée par l'embaucheur du Charolais, adoptée au contraire par l'éleveur de la Nièvre, elle occupe aujourd'hui la totalité de ce département; elle est devenue *race nivernaise.* Ces animaux, acclimatés, façonnés, améliorés par les éleveurs du Nivernais et de la partie du Berri qui l'avoisine, sont devenus, tant par leur conformation que par leur précocité, les premiers de nos animaux de boucherie.

L'introduction de la race charolaise à Villars date de 1826, époque à laquelle mon père acheta de MM. Paignon et Roux, éleveurs très-renommés alors, 1 taureau et 6 vaches.

Convaincu que les qualités des animaux charolais-nivernais, et la beauté de leur conformation, les feraient apprécier chaque jour davantage, je me proposai comme but, dès 1842, l'élevage d'animaux reproducteurs.

Un résultat plus complet que je n'osais l'espérer vint dès le principe m'encourager à persévérer. Les ventes se firent facilement, et, depuis 1843, je n'ai pas élevé un seul bœuf; tous mes animaux mâles et femelles ont été livrés pour la reproduction. Ainsi : 166 taureaux, 115 génisses ou vaches, en tout 281 reproducteurs ont été vendus, non-seulement dans la Nièvre et les départements limitrophes, mais encore dans les départements les plus éloignés, et même à l'étranger.

La vacherie de Villars se compose de :

Taureaux. . . . 3

Vaches. 25

Génisses. 10

Veaux. . . . 23

TOTAL. . 61 têtes.

Tous ces animaux sont nés à Villars, à l'exception d'un taureau, 1er prix au concours régional d'Auxerre, 2e prix au concours général de Paris.

La moyenne des prix de vente est :

Veau à dix mois. . . . . 650 fr.

Velle   *id.* 350

Génisses et vaches de réforme. 500

Il faut bien remarquer que les prix indiqués ci-dessus sont des prix moyens, et que si quelquefois ils ont été inférieurs, ils se sont souvent élevés à des chiffres beaucoup plus considérables. Je ne vends jamais mes meilleures femelles, quel que soit le prix qu'on m'en offre ; ainsi, j'ai refusé 2,000 fr. d'une vache, et, l'année dernière, 10,000 fr. de 10 génisses âgées de 2 ans 1/2. Quelque séduisante que fût cette proposition, je n'ai pas cru devoir l'accepter ; c'était la remonte de ma vacherie, et cette vente m'aurait rejeté de plusieurs années en arrière.

Le mérite des animaux de Villars est si bien apprécié, que j'ai vendu successivement jusqu'à 4 taureaux au même fermier ; et quoiqu'en moyenne j'aie chaque année 20 bêtes à vendre, les demandes sont toujours supérieures au nombre d'animaux que je puis céder.

Pour atteindre ce résultat, ma vacherie a été l'objet de soins constants dans le choix et les accouplements des reproducteurs mâles et femelles. Les meilleurs produits que j'aie obtenus sont ceux provenant de l'accouplement consanguin ; je ne l'ai employé qu'avec réserve , mais il m'a toujours donné d'excellents résultats. Cependant je ne me suis pas servi exclusivement de taureaux nés chez moi , et j'ai plusieurs fois employé comme reproducteurs , soit en les achetant , soit grâce à l'obligeance de leurs propriétaires , des taureaux charolais primés dans nos grands concours.

La totalité du lait a été réservée aux veaux ; aussitôt qu'ils peuvent manger , on leur donne en outre des fourrages hachés fermentés avec des betteraves et du tourteau de colza. Quelquefois on y ajoute un peu de farine d'orge. La ration augmente au fur et à mesure de la croissance de l'animal.

Les génisses et vaches ont reçu une nourriture meilleure et plus abondante , non plus exclusivement composée pendant six mois de l'année de fourrages secs , mais de fourrages hachés fermentés avec des racines.

Les vaches qui nourrissent des veaux reçoivent par jour :

	Fourrages secs.	13 kil.
Hiver.	Racines.	12
	Paille..	3
Été...	Fourrages verts.	64
	Paille.	3

Les jeunes animaux vont au pâturage pendant les six mois d'été ; les autres bêtes sont soumises à la stabulation durant dix mois , excepté la nuit à l'époque des grandes chaleurs.

Chaque mois on pèse les animaux, en voici la moyenne :

Veau à la naissance. . . .	38
Taureau à 1 an.	413
— à 2 ans.	639
— à 3 ans.	804
Génisse à 1 an.	303
— à 2 ans.	425
— à 3 ans.	556
Vache.	633

La plus grande difficulté pour l'éleveur n'est pas de réussir à présenter quelques animaux de tête, elle consiste bien plus à maintenir son troupeau et à le faire progresser. L'historique des concours est là pour attester si ce résultat a été obtenu à Villars.

Le premier taureau charolais primé dans nos grands concours a été présenté par moi, c'était en 1851, au concours national de Versailles. Depuis, à l'exception du concours de Lons-le-Saulnier, où, par suite d'une polémique engagée dans les journaux, je n'ai pas voulu exposer à cause de ma qualité de membre du jury, il n'y a pas eu de concours où je n'aie eu des animaux primés.

En 1852, première année où le programme attribue une catégorie spéciale à la race charolaise, un taureau de Villars remporte le 1er prix au concours régional de Nevers et au concours national de Versailles. Aux derniers concours de 1861, deux taureaux de Villars obtiennent un 1er prix au concours régional d'Orléans et un 1er prix au concours régional de Châlons-sur-Marne, et prouvent que la vacherie de Villars n'a pas dégénéré.

Sans compter les prix remportés avant 1851 dans les comices agricoles, douze médailles d'or, douze médailles d'argent et quinze médailles de bronze ont été obtenues seulement dans les grands concours d'animaux reproducteurs.

A la suite des concours universels de Paris en 1855 et 1856 et du concours universel d'Angleterre, dans lesquels j'avais obtenu six prix, dont quatre premiers prix et un second, je reçus la croix de la Légion-d'Honneur, récompense la plus flatteuse que je pusse ambitionner.

En résumé, les nombreux animaux reproducteurs que j'ai vendus, et les succès obtenus dès les premiers concours n'ont peut-être pas été étrangers à l'amélioration de la race nivernaise et à la voie que suivent avec tant de succès la plupart des éleveurs de la Nièvre.

Tous mes animaux étant vendus pour la reproduction, je n'engraisse que ceux qui sont défectueux ou auxquels il arrive des accidents.

Mon maître vacher (Gadat) est depuis vingt-deux ans à Villars; pendant tout ce temps je n'ai eu qu'à me louer des soins intelligents qu'il a donnés à mes animaux.

...rie flamande La vache nivernaise ayant généralement peu de lait, et ne produisant que celui nécessaire à l'alimentation de son veau, il fallait recourir à une autre race pour obtenir une quantité de lait plus abondante. En conséquence, j'ai importé en 1860, à titre d'essai, un taureau et quelques vaches de race flamande.

La vacherie flamande comprend seulement :

Taureau. 1

Vaches 4

Génisses. 2

Veaux. 2

Total. . . 9

Ces animaux sont d'un entretien plus dispendieux que les nivernais, et consomment par jour un tiers de plus de nourriture.

Une vache âgée de huit ans donne en moyenne 12 litres de lait par jour, soit 4,480 litres par an. Après le vêlage elle a 26 à 28 litres par jour. Les autres, âgées de trois ans seulement, n'ont en moyenne que 7 litres de lait par jour, soit 2,555 litres par an. Ces résultats sont ceux constatés la première année d'acclimation.

Le lait est battu à la baratte Bernier ; 27 litres de lait font un kilogramme de beurre et dix petits fromages.

Ces animaux ont obtenu au concours régional d'Orléans un 1ᵉʳ prix, 2 seconds prix et une mention.

Si la Nièvre peut être fière de sa belle race bovine, il n'en est pas de même (sauf cependant quelques exceptions), de ses trop rares troupeaux de bêtes à laine. Depuis long-temps cette infériorité m'avait frappé ; il me semblait qu'il ne devait pas être impossible de faire pour l'espèce ovine ce qui avait si bien réussi pour l'espèce bovine, et d'acclimater dans la Nièvre des animaux remarquables par leur précocité, sans toutefois sacrifier la question de la laine.

Pour atteindre ce résultat, il fallait une race très-rustique qui pût s'habituer à nos fréquentes variations de température et à l'humidité de notre climat.

L'admirable conformation du mouton south-down, les excellents produits résultant de son croisement avec quelques-unes de nos races françaises, me le désignaient de préférence à tout autre.

Cependant je n'étais pas sans appréhensions ; plusieurs importations faites, soit à Villars même dès 1827, soit depuis dans différents départements, et demeurées infructueuses, l'opinion des hommes les plus éminents me firent long-temps hésiter. En effet, par suite de ces tentatives malheureuses, on pensait que « les » races de bêtes à laine anglaises ne pouvaient être importées en » France et s'y conserver avec avantage dans leur état de » pureté (1) ; qu'elles n'étaient pas appropriées à nos circonstances françaises, et ne pouvaient être maintenues en » France qu'à l'aide de sacrifices et de soins qui les rendaient » chanceuses et onéreuses (2). »

---

(1) MALINGIÉ, 1851, *Considérations sur les bêtes à laine*, page 33.
(2) *Idem*, page 55.

Ces divers avertissements n'ébranlèrent pas la confiance que j'avais dans le résultat, et je me décidai à faire moi-même un essai. Mais, pour qu'il fût fructueux, je ne négligeai aucun des moyens qui pouvaient en assurer la réussite. J'étudiai les divers systèmes d'élevage suivis en France et surtout en Angleterre, et lorsque j'eus bien recueilli tous les renseignements qui me paraissaient indispensables, j'achetai en 1855, au célèbre éleveur anglais Jonas Webb, quinze brebis pleines prises dans son troupeau de Babraham.

Ces brebis étaient magnifiques, mais me coûtaient fort cher ; le prix de quelques-unes, y compris les frais de transport et les accidents de route, atteignit le chiffre de 406 fr. 89 c. par brebis.

Ce fut avec ces quelques bêtes que je commençai mon expérimentation. Mon premier soin fut d'essayer de les placer dans des conditions d'aération et d'humidité analogues à celles de leur pays natal. Aussi ne pouvant, comme en Angleterre, laisser mon troupeau dehors toute l'année, ma bergerie, placée sur un terrain humide, n'est-elle qu'une vaste cour entourée de petits hangars ouverts à tous les vents, mais servant d'abri contre le soleil. Le drainage exécuté pour assainir la bergerie n'a produit de résultat que pendant les premiers mois; peu à peu le piétinement des bêtes à laine a tassé la surface du sol et l'a rendue complètement imperméable. Outre le pâturage pendant le jour, la nourriture des brebis se composa presque exclusivement de racines et de fourrages verts.

La première année je n'eus pas de berger; d'ailleurs je voulais faire moi-même l'expérience et traiter à ma guise mon petit troupeau sans être contrarié par la routine d'un berger qui n'aurait pas voulu se plier à mes désirs, et je n'étais pas assez sûr du régime à suivre pour lui imposer ma volonté.

L'année se passa sans accidents; mes brebis, aussi belles qu'à leur arrivée, paraissaient se bien acclimater; plusieurs de leurs agneaux avaient été vendus à des prix avantageux. Encouragé par ce succès, j'importai en 1856 et 1857 un très-beau bélier présenté par J. Webb au concours de Chelmsford et 55 autres brebis achetées au même éleveur.

Aujourd'hui le troupeau de Villars compte plus de 400 têtes, toutes du sang de Babraham, SAVOIR :

Béliers nés en Angleterre. . . .	3
Béliers.	4
Agneaux.	31
Agnelles.	25
Moutons.	41
Brebis.	160

$$264 \text{, ci. . . } 264$$

La plus grande partie des agneaux nés en 1861 étant vendue, et ne figurant pas sur le présent état, il convient d'ajouter environ 200 agneaux à naître en février, mars et avril. 200

$$\text{TOTAL. . . . . . } 464$$

Pour arriver à ce résultat, il m'a fallu avoir pleine confiance dans l'entreprise, étudier, dans cinq voyages successifs en Angleterre, les différentes méthodes chez les principaux éleveurs, mais surtout avoir la bonne fortune d'être traité en ami par Jonas Webb, et de recevoir à Babraham la plus cordiale hospitalité, en même temps que les leçons et les enseignements du grand maître.

La lutte dure du 1ᵉʳ septembre au 1ᵉʳ novembre.

L'agnelage a lieu en février, mars et avril; un tiers environ des brebis fait 2 agneaux; on peut évaluer à 30 p. °/₀ l'augmentation qui en résulte. Les agneaux tètent la totalité du lait des brebis. A trois semaines on leur donne du son, puis peu à peu des tourteaux de lin mélangés avec des racines, de l'avoine concassée et un peu de foin en attendant la pousse des premières herbes.

Ils sont l'objet de soins tous particuliers, car leurs formes et leur développement dépendent de la manière dont ils sont élevés et de la nourriture qu'ils reçoivent dans le jeune âge.

Les agneaux destinés à la boucherie sont castrés par le berger à trois semaines. Le sevrage est terminé au 1ᵉʳ juillet.

Les fourrages verts sont la base de la nourriture des agneaux pendant l'été; mais rien ne peut remplacer la betterave à la suite du sevrage. Celles qui leur sont destinées sont placées, afin que le soleil ait moins d'action sur elles, dans des silos à l'ombre de grands arbres et orientés de façon à ce qu'une extrémité soit au nord et l'autre au midi. En prenant ces précautions on conserve ordinairement les betteraves jusqu'au 15 septembre, époque à laquelle on peut en avoir de nouvelles.

Les brebis vont au pâturage tous les jours, quelque temps qu'il fasse; elles ne restent à la bergerie que par la neige ou lorsqu'il tombe une pluie torrentielle. Depuis le 15 octobre jusqu'au 15 avril elles reçoivent chaque matin avant de sortir un peu de paille ou de fourrage. On ne doit pas, avant l'*agnelage*, donner des racines aux brebis south-down ; ce genre d'aliment, qui leur est si profitable en toute autre circonstance , a pour effet d'accroître la masse du sang et de rendre le part très-difficile. C'est une des premières recommandations que m'ait faites Jonas Webb, et en 1858 j'ai perdu plusieurs brebis pour ne m'y être pas conformé. Pendant tout· le temps de l'allaitement on leur distribue une ration copieuse de fourrages , racines et avoine.

Des pierres de sel gemme sont placées dans tous les râteliers de la bergerie ; la boisson est simplement de l'eau sans aucun mélange. Tous les animaux sont tondus par le berger.

Poids moyen des toisons :

Antenaise tondue à 14 mois 5ᵏ 50
Brebis, tonte d'un an 3 50
Bélier   *id.* 5

Toutes les laines sont vendues en suint , le prix moyen a été 2 fr. 30 c. le kilogramme. La laine du south-down est chaque jour plus recherchée par le commerce ; ainsi l'année dernière, époque où il existait une certaine baisse sur les laines , M. Labrosse , marchand de laines à Bourbon-l'Archambault et commissionné par une maison d'Orléans, m'a payé le 1ᵉʳ juillet 1861 la laine en suint 2 fr. 40 c. le kilogramme, et tout kilogramme payable ; tandis qu'il n'a acheté la laine des troupeaux du pays que 1 fr. 80 c. le kilogramme, ce qui fait une différence de 60 centimes par kilogramme en faveur de la laine south-down. Je suis parfaitement certain du fait que j'avance, attendu que plusieurs fermiers ont amené leurs laines à Villars pour les peser, et que la livraison et le payement ont été faits en ma présence.

Prix annuel de l'entretien de :

Agneau, depuis sa naissance jusqu'à 12 mois. .   22ᶠ 26
Mouton,   *idem*. 33 94
Bélier 33 21
Brebis 24 09

Le mouton south-down mis à l'engrais aussitôt après le sevrage pèse à un an environ 70 kilogrammes. Les chiffres ci-après donnent des renseignements exacts sur les progrès du développement de l'animal.

		Poids.
Mouton âgé de	3 mois.	30ᵏ 45
—	6 mois.	43 25
—	9 mois.	56 32
—	12 mois.	69 »

Un fait remarquable, c'est que le south-down profite beaucoup mieux quand il est nourri avec des fourrages verts, que lorsqu'il reçoit des fourrages secs, lors même que la quantité de ces derniers, en calculant d'après les équivalents, serait plus considérable.

Le premier de chaque mois on pèse les animaux. On a constaté les moyennes ci-après :

Agneau lors de sa naissance	5ᵏ »
Bélier âgé de 12 mois.	68 06
Bélier — 2 ans	102 »
Agnelle âgée de 12 mois.	54 61
Brebis	68 »

Les prix de vente sont excessivement variables ; je vais indiquer les plus bas et les plus élevés :

Béliers et agneaux.	305 à 820 fr.
Agnelles de 4 à 10 mois	105 à 135
Brebis de réforme.	155 à 175
Moutons âgés de 13 mois. . . .	83 fr. 38 c.

Je n'ai engraissé des moutons que pour les concours de boucherie.

J'ai vendu pour la reproduction :

Béliers	75
Agnelles.	121
Brebis	11

TOTAL au 31 décembre 1861. 207 animaux reproducteurs.

L'humidité est particulièrement favorable au south-down, c'est l'état habituel du climat d'Angleterre. Aussi, contrairement à ce qui arrive pour les races françaises, plus il fait sec, plus les chaleurs sont intenses, moins la veine du south-down es rouge ; mais, en revanche, dès que l'atmosphère devient fraîche et humide, l'animal reprend toute sa vigueur et la veine sa vivacité. C'est tout l'inverse des idées généralement reçues, des faits constatés et des méthodes pratiquées en France pour la conduite des troupeaux. Un vieux berger ne pouvait donc me convenir, il n'aurait jamais sacrifié sa manière de faire à un nouveau système. Je dois mon berger à l'obligeance de M. Anselmier, directeur de Montberneaume. En juin 1857, il eut la bonté de m'envoyer un des jeunes élèves de sa ferme-école. Depuis son arrivée chez moi,

Gourdon a toujours été très-docile à mes conseils et a aidé à la prospérité de mon troupeau.

Malgré tous les avantages que procure le parcage, il n'a pas été pratiqué jusqu'ici à Villars pour deux motifs : le premier, parce que je ne veux pas que mes brebis aient à souffrir des ardeurs du soleil en les faisant parquer dans la journée; le second, parce que j'ai craint pendant la nuit d'exposer au loup des animaux d'une valeur considérable.

Mon troupeau a été assez favorisé jusqu'ici pour n'être atteint par aucune maladie; jamais un seul cas de pourriture ne s'est manifesté, quoique la plupart des troupeaux de ma localité aient été ravagés par la cachexie. Je n'ai eu à regretter que des accidents et quelques coups de sang; une saignée suffit pour guérir ces derniers, lorsqu'on s'en aperçoit à temps. Les pertes annuelles sont de 3.p. °/₀.

Cet état prospère doit être attribué au régime auquel le troupeau est soumis; il peut se résumer dans ces quelques mots : « *Grand air, ombre, fourrages verts.* »

La vie au grand air est si indispensable qu'un jour Jonas Webb, pour me vanter la force de constitution du south-down, me disait : « Le south-down est si rustique qu'il peut résister pen-
» dant quelque temps au séjour de l'écurie. »

Ce fut en 1857, au concours régional de Châteauroux, que j'exposai mes premiers south-down. Dans l'espace de cinq années ils ont remporté dans nos grands concours : 26 médailles d'or et 6 d'argent. En 1860, au concours général de Paris, une grande médaille d'or leur a été attribuée. Enfin, 3 *coupes en argent* constatent leurs succès au concours de Poissy.

Le troupeau de Villars n'est pas complètement inconnu en Angleterre. Le *Mark Lane Express*, dans un article de juin 1861, relatif à la vente de la totalité du troupeau de Babraham, qui devait avoir lieu quelques jours plus tard, cite seulement le troupeau de Villars et celui de M. Thorne aux Etats-Unis. Puis il ajoute : « Ce qui a le plus contribué à la propagation de la race » south-down en France, ce sont les trois prix d'honneur remportés » trois années de suite au concours de Poissy par les south-down » de Villars. »

Porcs.

Ma porcherie a toujours été composée des races les plus améliorées. Ainsi j'ai importé successivement d'Angleterre des sujets des races new-leicester, berkshire, et yorkshire.

Toutes ces races sont très-bonnes, mangent moins que les porcs indigènes, et ont surtout le grand avantage d'engraisser plus facilement.

Il y a quelques années, ma porcherie était plus nombreuse et mes animaux très-demandés; mais depuis trois ans les porcs n'étant plus aussi recherchés, je n'ai conservé que quelques yorkshires de race moyenne.

Mes porcs ont été primés plusieurs fois, ils ont entre autres obtenu un 1er prix au concours national de Versailles en 1851.

La comptabilité est tenue d'une manière régulière et détaillée. Mon père a bien voulu se charger de ce travail depuis sept ans, et c'est grâce à lui que je puis me rendre compte exactement du résultat de mes diverses opérations.

Les livres principaux sont :

Le brouillard ou main courante, sur lequel sont consignées jour par jour toutes les opérations de la ferme ;

Le livre des cultures, contenant les comptes par chaque champ ;

Le livre de la vacherie,

— de la bergerie,

— de la porcherie,

— des attelages,

— des frais généraux,

— des comptes espèces,

— des inventaires,

— des comptes particuliers.

A la fin de chaque année, les résultats de ces divers livres, réunis sur un tableau, donnent l'état de situation de l'entreprise.

A l'exception du froment vendu et de quelques articles de peu d'importance, toutes les récoltes sont consommées par les animaux, et le produit de la vente de ceux-ci forme la presque totalité du revenu. Aussi les livres de vacherie et de bergerie sont-ils tenus avec les détails les plus minutieux ; le nom de chaque acquéreur est inscrit en face de l'indication de l'animal et du prix de vente.

at de situation
au 31 décembre
1861.

CAPITAL D'EXPLOITATION

AU 31 DÉCEMBRE 1861.

ANIMAUX.

Juments. . , ...	1,500ᶠ »	
Bœufs.	2,400 »	
Vacherie.	31,400 »	92,595ᶠ »
Troupeau south-down. . . .	56,525 »	
Porcherie.	770 »	

MOBILIERS.

Mobilier, instruments, matériel
d'exploitation. . . . . . 10,674 » ci. 10,674 »

MAGASINS.

Grains, au grenier ou en gerbes :

— froment.	1,985 50	
— orge.	2,685 »	
— avoine	1,927 50	
— maïs.	68 »	
— betteraves	559 50	
— carottes.	32 »	20,820 87
Fourrages	5,987 42	
Pailles.	1,395 »	
Pommes de terre.	220 »	
Racines	5,194 15	
Tourteaux	616 80	
Tuyaux de drainage. . . .	150 »	

AVANCES AU SOL ET FUMIERS.

Emblavures.	2,705 10	
Engrais en terre et culture. . .	3,345 »	6,800 10
Fumiers en plate-formes. . .	750 »	
Débiteurs divers.	1,025 » ci.	1,025 »

	131,914 97

Les 124 hectares dont se compose aujourd'hui la ferme de Villars ont été achetés, en 1854, la somme de 177,686 fr. 17 c

Ce prix a été fixé, en prenant pour base un revenu net d'impôts de 5,330 fr. 58 c., calculé sur le taux de 3 p. %.

Cette somme de 5,330 fr. 58 c., réunie à celle de 650 fr. 46 c., à laquelle s'élèvent les impôts, forme un total de 5,981 fr. 04 c. qui représente la rente de la terre.

Elle doit, ainsi que les intérêts du capital d'exploitation, et ceux des capitaux employés en constructions et améliorations foncières, être portée au passif du tableau ci-après, lequel présente les résultats de l'entreprise pendant l'année 1861.

TABLEAU DES RÉSULTATS OBTENUS

DU 31 DÉCEMBRE 1860 AU 31 DÉCEMBRE 1861.

	DOIT.	AVOIR.	PERTES.	PROFITS.
Rente de la terre et impôts.	5,981 04	» »	5,981 04	» »
Intérêt à 5 p. % de 131,914 fr 97 c. formant le capital d'exploitation.	6,595 74	» »	6,595 74	» »
Intérêt à 6 p. % des constructions et améliorations foncières, 19,250 fr.	1,155 »	» »	1,155 »	» »
Intérêt à 10 p. % du drainage, 5,992 fr. 29 c.	599 22	» »	599 22	» »
Frais généraux.	2,525 08	» »	2,525 08	» »
Cultures.	13,290 56	30,153 39	410 80	17,273 63
Attelages.	3,277 05	4,944 74	» »	1,667 69
Vacherie.	13,869 16	21,931 »	» »	8,061 84
Bergerie.	14,144 »	32,607 10	» »	18,463 10
Porcherie	1,050 »	1,289 »	» »	239 »
Travaux étrangers à l'exploitation.	» »	403 25	» »	403 25
	62,486 85	91,328 48	17,266 88	46,108 51
		62,486 85		17,266 88
Bénéfice net.	. . . .	28,841 63	. . . .	28,841 63

BENÉFICES OBTENUS DEPUIS 1854.

Du 11 novembre 1854 au 31 décembre 1855 (1).   7,898' 33
Année 1856. . . . .   7,402 21
Année 1857. . . . .   16,420 37
Année 1858. . . . .   8,387 20
Année 1859. . . . .   10,110 84
Année 1860. . . . .   25,473 45
Année 1861. . . . .   28,841 63

RÉSUMÉ.

Ma carrière agricole a commencé en 1837 ; à cette époque je venais de terminer mon droit , et, rentré dans ma famille, je me décidai à embrasser un genre de vie qui semblait me promettre, par ses attraits et son caractère d'indépendance, une existence selon mes goûts.

L'agriculture alors était loin d'être en honneur ; affaire de caprice ou de distraction pour quelques-uns, elle était traitée de routine par le plus grand nombre.

---

(1) Par suite des stipulations de mon acte d'aquisition, j'ai trouvé lors de mon entrée en jouissance le 11 novembre 1854, les terres labourées, fumées et ensemencées, et tous les fourrages et racines en magasin, ce qui fait que cet exercice présente un résultat plus avantageux qu'il n'aurait été dans des conditions ordinaires.

Quant à moi, je l'adoptai avec ses conséquences les plus sérieuses ; j'y voyais pour l'avenir une œuvre utile à mon pays, honorable pour moi, et profitable à mes intérêts. Je me mis à étudier avec le désir d'acquérir une science dont je devais trouver l'application dans mes travaux de chaque jour.

Persuadé qu'il n'y a pas de réussite possible sans une présence continuelle, et que c'est à l'absentéisme et au manque de persévérance qu'on doit attribuer en grande partie les revers éprouvés par la plupart des personnes qui ont voulu faire de l'agriculture, je me fixai à la campagne et je l'ai constamment habitée depuis.

Dès 1837 j'ai mené de front l'étude et la pratique, résolu à ne me laisser arrêter par aucun mécompte, à persévérer quand même ; mais aussi employant tous les moyens qui pouvaient amener d'heureux résultats. Plus tard j'entrepris de nombreux voyages, soit en France, soit en Angleterre, pour recueillir de précieux enseignements sur les meilleurs procédés de culture et sur la conduite des troupeaux.

Les succès ne sont pas toujours venus encourager mes efforts, et, sans parler des écoles et des tâtonnements causés au début par mon peu d'expérience, j'ai eu quelquefois de cruelles déceptions ; ainsi, en 1841, la péripneumonie a détruit une partie de ma vacherie et m'a causé en deux mois une perte d'au moins 10,000 fr. Malgré cet échec, j'ai continué mon entreprise, et je n'en ai travaillé qu'avec plus d'ardeur pour réparer ce désastre.

Opérant à l'origine avec un capital restreint, qui ne s'est augmenté que successivement, au fur et à mesure des revenus, il a fallu conduire mon opération avec une économie persévérante, ne sacrifiant pas au luxe des constructions, sans néanmoins reculer devant des dépenses considérables toutes les fois qu'elles ont eu pour objet des machines utiles, une amélioration fructueuse, ou l'achat de reproducteurs remarquables. C'est ainsi que dans ma bergerie, qui ne coûte que 1,845 fr., j'ai amené des brebis de 400 fr. et des béliers de 2,500 et 3,000 fr.

Mon exploitation a été constamment maintenue au niveau des progrès de l'agriculture. Je n'ai négligé ni les meilleurs procédés de culture, ni le drainage, ni l'emploi des instruments perfectionnés.

Sans homme d'affaires, dirigeant tout moi-même, j'ai eu la chance heureuse de trouver et de former des hommes intelligents et dévoués qui m'ont secondé dans l'exécution de mes travaux. Je me plais à citer parmi eux mon chef de culture Monmessin, qui est depuis seize ans à mon service. Tous mes maîtres domestiques sont chez moi depuis longues années ; leur présence témoigne qu'ils ont trouvé à Villars une position au moins égale, sinon supérieure, à celle qu'ils auraient eue dans d'autres exploitations.

J'ai établi ma spéculation principale sur deux troupeaux de progression ; d'abord sur un troupeau de race bovine, et ensuite, concurremment avec ce premier, sur un troupeau de bêtes à laine.

Guidé par les leçons de l'agriculture anglaise, j'ai compris qu'en travaillant à augmenter la production de la viande, j'accumulais sur ma terre une source de richesses, en la fécondant par une plus grande masse d'engrais. C'est par ce moyen que je suis parvenu à entretenir sur ma ferme 1 *tête 22 centièmes de tête de gros bétail par chaque hectare*, et, en même temps à porter mes deux troupeaux à un haut degré de valeur et de réputation.

281 animaux de l'espèce bovine,

207 animaux de l'espèce ovine,

vendus pour la reproduction.

3 coupes en argent,

39 médailles d'or,

19 médailles d'argent,

16 médailles de bronze,

obtenues *seulement* dans les *concours universels*, *généraux et régionaux*, constatent l'importance de l'élevage de Villars et son rôle dans l'amélioration des races.

Enfin, comme résultat, un bénéfice net de 28,844 fr. 63 c. pour l'année 1861, et, comme conséquence de cet accroissement de revenu, l'augmentation de la valeur de la propriété dans une notable proportion.

Villars, 25 février 1862.

CH. DE BOUILLÉ,

Propriétaire exploitant.

Nevers, I.-M. Fay, Imp.